BEI GRIN MACHT SICH IHR WISSEN BEZAHLT

- Wir veröffentlichen Ihre Hausarbeit, Bachelor- und Masterarbeit

- Ihr eigenes eBook und Buch - weltweit in allen wichtigen Shops

- Verdienen Sie an jedem Verkauf

Jetzt bei www.GRIN.com hochladen und kostenlos publizieren

Bibliografische Information der Deutschen Nationalbibliothek:

Die Deutsche Bibliothek verzeichnet diese Publikation in der Deutschen National-
bibliografie; detaillierte bibliografische Daten sind im Internet über http://dnb.d-
nb.de/ abrufbar.

Impressum:

Copyright © 2017 GRIN Verlag
Druck und Bindung: Books on Demand GmbH, Norderstedt Germany
ISBN: 9783668677289

Dieses Buch bei GRIN:

https://www.grin.com/document/418366

Sebastian Nickel

Risikoraum Megacity. Lloyd's City Risk Index 2015 - 2025

GRIN Verlag

UNIVERSITÄT POTSDAM

Institut für Geografie

Megacities: Repräsentationen, Forschungsergebnisse, Einblicke

Wise 2017

Modularbeit

Risikoraum Megacity

- Lloyd's City Risk Index 2015 - 2025 -

Sebastian Nickel

Inhalt

Abbildungsverzeichnis

1. Einleitung

1950 lebte nur ein Drittel der schätzungsweise 2,5 Mrd. Menschen weltweit in Städten. Knapp sechzig Jahre später hatte sich die Weltbevölkerung naheliegend verdreifacht (UNITED NATIONS 2015). Zudem stellte das Jahr 2007 einen weiteren markanten Wendepunkt in der bisherigen globalen Siedlungsentwicklung der Menschheit dar. Erstmals lebten genauso viele Menschen in Städten wie auf dem Land. In absoluten Zahlen ausgedrückt bedeutet dies, dass im Zuge des so genannten *„Urban Turn"* 3,3 Mrd. Menschen in urbanen Räumen lebten. Dies entspricht wiederum der gesamten Weltbevölkerung des Jahres 1965 (ebd. 2015). Die ins Verhältnis gesetzten absoluten Zahlen verdeutlichen, den globalen Trend der Urbanisierung im Zuge einer stetig wachsenden Weltbevölkerung und deren sich veränderter Lebensformen. Insbesondere die globale Entwicklung des Heranwachsens von derzeit 37 Megacities mit mehr als 10 Mio. Einwohnern (COX 2017) stellt nicht nur die Städte selbst, deren Bewohner sowie die globale Gemeinschaft vor große Herausforderungen, sondern birgt ebenfalls diverse soziale, infrastrukturelle sowie Umwelt gefährdende Risiken in sich. Die Risikoanfälligkeit jener besagten Megastädte gestaltet sich jedoch äußerst unterschiedlich.

Diese Arbeit betrachtet die Megastadt als potenziellen Riskoraum. Im Mittelpunkt steht dabei die fallspezifische, empirische Risikoanalyse von Megacities mithilfe der Software des *Lloyd's City Risk Index 2015 - 2025.* Dabei wird sich von einer allgemeinen Analyse nach Risikotypus hin zu einer Einzelfallbetrachtung an konkreten Städtebeispielen bewegt. Hierbei werden Risikoexpertisen in den inhaltlichen Fokus gerückt. Zuvor werden vor dem theoretischen Hintergrund dieser Thematik die Perspektiven der Risikoforschung sowie deren Begrifflichkeiten: *Risiko, Vulnerabilität* sowie *Resilienz* näher betrachtet. Ebenfalls werden nochmals inhaltliche Aspekte des Weltriskoberichts des Jahres 2014 aufgegriffen und unter dem Punkt 2.2 „Megacities als globale Risikoräume" thematisiert. Hierbei wird offengelegt, mit welchen Risiken das Heranwachsen einer Megastadt verbunden ist. Abschließend werden die gewonnenen Erkenntnisse vor dem Hintergrund der Theorie kritisch bewertet.

2. Theoretischer Hintergrund

2.1 Grundlagen der geographischen Risikoforschung

2.1.1 Der Risikobegriff

Die Risikoforschung hat innerhalb der letzten Jahre in der Sozialgeographie einen signifikanten Bedeutungszuwachs erhalten. Die zunehmende Häufigkeit von Naturkatastrophen hat einen größeren Bedarf an Vorhersagemodellen, Katastrophenmanagementplänen und Risikoabschätzungen generiert. Insbesondere durch den Klimawandel bedingte Umweltveränderungen werden zunehmend Einfluss auf das menschliche Leben nehmen. Dennoch haben auch gesellschaftliche Unsicherheiten, beispielswiese bedingt durch Globalisierungsprozesse, Urbanisierung oder einer gestiegenen Terrorgefahr, das allgemeine Bewusstsein gegenüber Gefahren geprägt (BÜRKNER 2010:5). Folglich gestaltet sich die Geographie, als vereinbarende Wissenschaft von Mensch und Umwelt, als prädestiniert für Schnittmengenbildungen, um eine umfassende Aussage über Risiken, Vulnerabilitäten, Resilienzen und Schäden formulieren zu können (MÜLLER-MAHN 2007:4-5). Der Fokus liegt hierbei auf einer Vereinbarung von Fachwissen und Methoden aus der physischen Geographie und der Humangeographie zu einer eigenständigen Wissenschaftsdisziplin, welche neue Forschungsfelder oder Problemstellungen abdeckt. Die Risikoforschung auf Seiten der physischen Geographie stützt sich auf klimatologische, meteorologische, geologische und weitere Analyse- und Bewertungsmethoden, welche das Auftreten und Zerstörungspotenzial von Naturkatastrophen vorhersagen und einschätzen sollen. Des Weiteren stützt sich dieser Teilbereich der Risikoforschung auf die Biogeographie. Hier werden Ökosysteme und Biodiversität auf ihre Stabilität und Verwundbarkeit analysiert. Im Gegensatz dazu ist es die Aufgabe der Humangeographie, die Vulnerabilität und Resilienz der Gesellschaft zu untersuchen und die Auswirkungen von Katastrophen, Anschlägen, Konflikten oder ökologischen Problemen auf diese abzuschätzen (COY 2007:8).

Der Begriff „Risiko" besitzt eine immense Variationsbreite; insbesondere durch die vielen Problemstellungen und Perspektiven anderer Wissenschaften, Disziplinen oder Paradigmen. Die Vielzahl an Ansätzen und Betrachtungsweisen von Forschungsgegenständen generiert somit auch eine Vielzahl von Definitionen des Begriffs „Risiko" (MÜLLER-MAHN 2007:4). Für die folgenden Betrachtungen wird der Risikobegriff der inhaltlichen Bedeutung von „Gefährdung" gleichgesetzt.

2.1.2 Perspektiven der Risikoforschung

Grundsätzlich wird zwischen zwei Ansätzen zur Betrachtung von Risiken unterschieden. Die objektivistische Position verfolgt einen naturwissenschaftlichen Betrachtungsschwerpunkt, während die konstruktivistische Position einen sozialwissenschaftlichen Standpunkt einnimmt (MÜLLER-MAHN 2007:5). Erstere betrachtet Naturgefahren als Teil der objektiv erfassbaren Realität. Der Fokus liegt hierbei auf der allgemeinen „Erfassbarkeit" von Forschungsgegenständen. Dies impliziert, dass diese auch beeinflussbar, kontrollierbar oder regulierbar sind, worauf sich beispielsweise die natur- und ingenieurwissenschaftliche Risikoforschung konzentriert. Die Gesellschaft wird in dieser Basisposition dennoch nicht ausgeklammert, sondern lediglich als Parameter betrachtet, welcher die Schadensarten und -ausmaße bestimmt. Diese Bestimmung von potentiellen Schäden ist z.B. in der Versicherungsbranche essentiell. MÜLLER-MAHN (2007:5) fasst den objektivistischen Ansatz wie folgt zusammen: *„Generell zielt objektivistische Risikoforschung darauf, Risiken durch eine Abschätzung von Eintrittswahrscheinlichkeiten und Schadenshöhen, durch geeignete Vorsorgemaßnahmen oder die Installation von Frühwarnsystemen berechenbar und beherrschbar zu machen."* Der objektivistische Ansatz beobachtet also die gesellschaftliche Relevanz und Folgen eines externen (Natur-)Ereignisses.

Besonders diese Externalisierung des Risikos und dessen Auswirkung auf die Gesellschaft steht im Gegensatz zum konstruktivistischen Ansatz. Dieser stellt die Gesellschaft oder den Menschen als handelndes Subjekt ins Zentrum der Betrachtung.

Risiken werden durch den Menschen geschaffen, z.B. über verschiedene Wahrnehmungen (MÜLLER-MAHN 2007:5). Handlungen des Menschen basieren auf Grundlage des ständigen Abschätzens von Risiken im Hinblick auf Chancen und Ziele. Der Mensch wird dadurch zum Akteur, der unkalkulierbare, externe Bedrohungen in kalkulierbare bzw. kontrollierbare Risiken wandelt (BOHLE 2007:20). Das Abwägen von Chancen und Risiken zur Entscheidungsfindung beruht auf Erfahrungen, Erlebnissen, Werten, Normen, Bedürfnissen oder auch Interessen (MÜLLER-MAHN 2007:5). Die häufig negative Konnotation des umgangssprachlichen und medialen Risikobegriffs ist demnach für die Risikoforschung falsch, denn hinter dem bewussten oder unbewussten Eingehen von Risiken steht immer die Intention Erfolge zu erzielen oder Profit bzw. andere Ziele zu erreichen (MÜLLER-MAHN 2007:5). Daher müssen in der Risikoforschung die Begriffe Gefahr und Risiko deutlich voneinander abgegrenzt werden. Insgesamt spielt die Gesellschaft bzw. der Mensch in beiden Grundpositionen der Risikoforschung verschiedene Rollen. Ist der Mensch im objektivistischen Ansatz eher der Leidtragende oder der Urheber von Gefahren bzw. Risiken, so fokussiert der sozialwissenschaftliche-konstruktivistische Ansatz sich auf den Menschen / die Gesellschaft als handelnde Akteure mit subjektiver Wahrnehmung und Entscheidungsfindung (ebd. 2007:6).

2.1.3. Vulnerabilitäten und Resilienzen

Die Konzepte zu Vulnerabilitäten und Resilienzen entstanden im Zuge des zunehmenden Bedarfs an Risikoforschung, durch gesellschaftliche und naturbezogene Veränderungen und den damit verbundenen Gefährdungen (BOHLE 2007:20). Die Entwicklung zur *„Risikogesellschaft"* und die damit in Verbindung stehenden Lebensrisiken verlangten nach angepassten Reaktionen (ebd. 2007:20). MÜLLER-MAHN (2007:6) erklärt den „[...] Umgang mit Risiko und Ungewissheit zum bestimmenden Merkmal der Alltagsbewältigung, verbunden mit einem Misstrauen gegenüber den Fortschritts- und Sicherheitsversprechen von Wissenschaft und Politik." Die Herausforderungen der Globalisierung haben aus dieser Risikogesellschaft nun eine Weltrisikogesellschaft geschaffen, welche sich auf die Prävention potentieller

Katastrophen bezieht, deren Wahrnehmung und Bewertung durch Medien und Politik beeinflusst wird (MÜLLER-MAHN 2007:6).

Ebenfalls bedeutend im Entstehungsprozess der Vulnerabilitäts- und Resilienzforschung sind die Forschungsgebiete der Humanökologie und der Entwicklungsländerforschung (BÜRKNER 2010:7). So konzentrierte man sich zunächst auf großräumige Ereignisse der Natur und Umwelt, sowie auf die gesellschaftlichen Prozesse zur Begegnung dieser. Dieser Ansatz wurde vor allem stark in der Hazardforschung verfolgt (BÜRKNER 2010:6). Erst durch eine zunehmend sozialwissenschaftlichere Herangehensweise an die Entwicklungsländerforschung, konnten sich auch sozialwissenschaftliche Vulnerabilitäts- und Resilienzkonzepte in vielen verschiedenen Einzeldisziplinen herausbilden. Dennoch gibt es für Vulnerabilität, wie auch für den Risikobegriff, aufgrund vielfältiger sozialwissenschaftlicher Herangehensweisen, keine einheitliche Definition. Bis heute ist der Begriff Gegenstand vieler Diskussionen und Kontroversen. BÜRKNER (2010:6) formuliert den Begriff als die Verwundbarkeit von Gesellschaften und ihrer geschaffenen Kultur durch Bedrohungen.

Gemeinsamkeiten in der Definitionsvielfalt finden sich bezüglich der zwei maßgebenden „Säulen" der Vulnerabilität. Dies ist zum einen die oft als natürlich eingeordnete Bedrohung von außen und die interne Anpassungskapazität oder Reaktionsmöglichkeit auf diese Gefahr. Erstere wird von BOHLE (2011:752) aufgegriffen und als „Risikoexposition" bezeichnet, welche sich je nach Art und Intensität unterscheiden kann. Die Seite der Reaktion impliziert unter anderem ein Maß für die „Schutzlosigkeit" der Gesellschaft, aufgrund einer geringen Anpassungsfähigkeit, also unzureichender Maßnahmen zur Vorsorge, Bewältigung oder Nachsorge hinsichtlich dieser Gefährdung (BOHLE 2011:752). Auf der internen Seite der Vulnerabilität einer Gesellschaft kann jedoch gleichsam eine Robustheit in diesen Bereichen vorhanden sein, was die Vulnerabilität entsprechend einschränkt. So stehen Exposition und Reaktion in einem funktionalen Zusammenhang, welcher Aussagen über den Grad der Verwundbarkeit ermöglicht. In der Literatur wird oft zwischen verschiedenen Vulnerabilitätskonzepten unterschieden. BOHLE (2007:20-21) stellt hier zum Beispiel soziale-, ökologische- und technologische Vulnerabilität heraus. Die Wechselwirkungen zwischen den internen und externen Komponenten bezogen auf jedes der drei Vulnerabilitätskonzepte, werden in Form der „Doppelstruktur von Verwundbarkeiten" nach BOHLE (2007:20) deutlich.

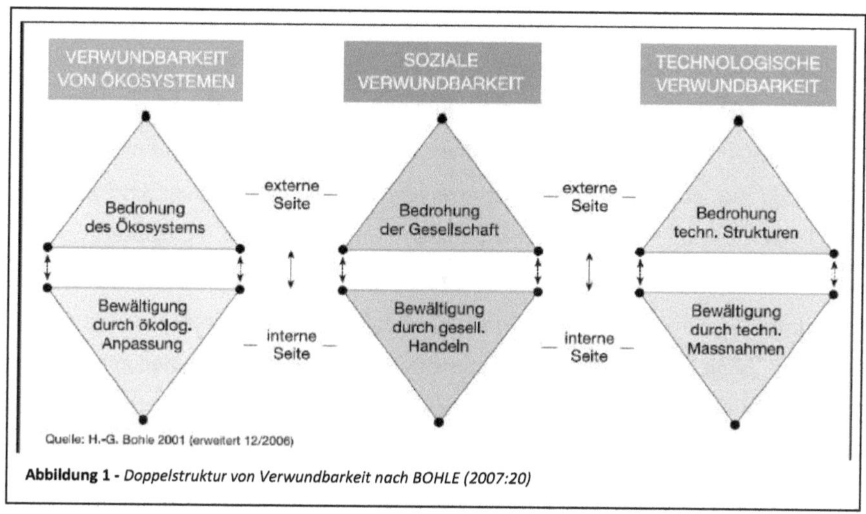

Abbildung 1 - *Doppelstruktur von Verwundbarkeit nach BOHLE (2007:20)*

Von besonderer Bedeutung für die folgenden Ausführungen über Vulnerabilität in Megacities, ist die soziale Vulnerabilität, da die gesellschaftlichen Rahmenbedingungen, wie soziale Disparitäten, diese Problematik generieren und ihren Ursprung bilden. Jedoch sind auch die ökonomische und ökologische Seite der Risiko- und Vulnerabilitätsforschung von Bedeutung. In der Humangeographie stehen sich die soziale Verwundbarkeit und die menschliche Sicherheit in einem Spannungsfeld gegenüber. Meist werden Vulnerabilitäten und Resilienzen konstruiert und durch soziale Prozesse konstituiert (BÜRKNER 2010:6). BOHLE (2011:752) beschreibt die soziale Verwundbarkeit mithilfe von drei „Koordinaten", welche die Risikoexposition, die Bewältigung und die Folgeschäden beinhalten. Die Ausmaße dieser Faktoren bestimmen letztendlich die Vulnerabilität einer Gesellschaft. Auch an dieser Stelle werden wieder die externe (Risikoexposition) und interne Seite (Bewältigung) deutlich. Einflüsse, die die interne Seite der Vulnerabilität beeinflussen, sind z.B. Machtverhältnisse, Ressourcenbasis, Verfügungsrechte, Partizipationschancen und Abhängigkeitsverhältnisse (BOHLE

2011:753). Ziel soll die regulierende bzw. kontrollierende Einflussnahme auf diese Vielzahl sozialer Beziehungen sein, um bessere Adaptationsmöglichkeiten und Bewältigungsoptionen zu schaffen und damit destruktive Auswirkungen auf die Gesellschaft zu verringern/vermeiden.

Das Konzept der Resilienzen ist nicht zu verwechseln mit der bloßen Widerstandsfähigkeit einer Gesellschaft, aufgrund von stabiler Infrastruktur und guter Anpassungsfähigkeit. Ursprünglich stammen die Konzepte von Resilienzen nach BOHLE (2011:756) aus der globalen Umweltforschung und werden von der Leitfrage „Wie navigieren verwundbare Menschengruppen innerhalb von komplexen, schnell transferierbaren sozialökologischen Systemen?" getrieben. Nach GEBHART (2011:1107) bezeichnet Resilienz die Fähigkeit von Ökosystemen „[...] Störungen eine Zeit lang zu tolerieren, ohne dass das System zusammenbricht, also quasi die Pufferkapazität oder Elastizität ökologischer Systeme [...]." Ist diese Fähigkeit von Systemen nicht gegeben, so erliegen diese der Störung (Kollaps).

Anlass zur Herausbildung der Resilienz-Konzepte bestand, ähnlich denen der Vulnerabilität, im Entstehen der Weltrisikogesellschaft (BOHLE 2011:756-757). Vereinfacht kann man von einer „Regenerationsfähigkeit" einer Gesellschaft nach Katastrophen von innen und außen sprechen. Resilienzen sind Fähigkeiten von Systemen, nach Störungen wieder ihren Ursprungszustand zu erreichen. Resilienzen werden nach BOHLE (2011:757-759) ebenfalls in verschiedenen Perspektiven unterteilt. Die ökologische, sozial-ökologische und soziale Resilienz decken verschiedene Problembereiche der Resilienz-Forschungen ab. Die ökologische Resilienz bezieht sich ausschließlich auf die Ebene der Ökosysteme und deren Adaptivität. Die sozial-ökologische Resilienz legt den Fokus auf sozial-ökologische Systeme, ihre Transformationen und das gesellschaftliche Leben mit Unsicherheiten. Die Ebene von Gesellschaft, sozialen Gruppen und Individuen wird von der sozialen Resilienz abgedeckt und beinhaltet die Anpassung an gesellschaftliche und ökologische Risiken sowie die Möglichkeiten zum Stärken von Selbstorganisation und Schwächen sozialer Disparitäten.

2.2 Megacities als globale Risikoräume

Im Zuge des technischen Fortschritts sowie durch diverse demographische, soziale und politische Veränderungen, setzt ab der zweiten Hälfte des vorherigen Jahrhunderts auch in den agrargesellschaftlich geprägten Entwicklungsländern der Dritten Welt vermehrt ein Wandel hinzu städtischen Lebensformen ein (MUCKE 2014:6). Jene Urbanisierung führt zu einem rasanten, häufig unkontrollierbarem Heranwachsen von Megacities, die auf engem Raum eine Bevölkerungszahl von mehr als 10 Mio. Einwohner, sensible Infrastruktur und Technologie beherbergen. Zieht man diese Ausgangsbedingungen in Betracht, so erscheint es zunächst offensichtlich, dass Siedlungsformen wie Megacities mit all ihren Beschaffenheiten und Problemen anfälliger gegenüber Krisen, sozialer Desorganisation, politischen Konflikten oder Naturkatastrophen sind. KRAAS (2003) betrachtet Megacities anhand der enormen Zuwanderung, welcher diese unterliegen, als Opfer von Risiken. Gleichzeitig verweist sie darauf, dass Megastädte, aufgrund ihrer Struktur und den damit in Verbindung stehenden Problematiken, ebenfalls als Erzeuger von Risiken angesehen werden können (KRAAS 2003:583).

Woher diese begriffliche Ambiguität zwischen Opfer und Erzeuger von Risiken stammt, kann zum einen mit der Auflistung wesentlicher Gründe für Katastrophenschäden und Todesfälle nach SMITH (1996) verdeutlicht werden. SMITH führt unter Anderem das globale Bevölkerungswachstum, eine unsachgemäße Landnutzung, die Folgen des Klimawandels, soziale Disparitäten sowie eine starke Urbanisierung als Hauptgründe für höhere, katastrophenbedingte Sachschäden und Opferzahlen bei unveränderter Häufigkeit auftretender Naturkatastrophen an (ebd. 1996:36). Da all diese Faktoren auf unterschiedliche Art und Weise sowohl zum massiven und unkontrollierten Wachstum einer Megacity führen, jedoch gleichzeitig auch deren alltäglichen Herausforderungen bestimmen, kann die Aussage von KRAAS als nachvollziehbar angesehen werden. Risiken für Megacities können natürlicher, technologischer oder sozialer Art sein (HOERNING 2012:253). Beispiele für natürliche Risiken sind metrologische Bedrohungen durch Wetterextreme wie Stürme oder Starkregenfälle. Des Weiteren stellen auch geologische Prozesse wie Erdbeben oder Hangrutschungen ein potenzielles natürliches Risiko für viele Megacities in tektonisch aktiven Erdteilen (Tokio, Istanbul, Los Angels) oder für Städte mit illegaler Steilhangbebauung (Rio de Janeiro, Mexico City) dar. Weltweit am allgegenwärtigsten erscheint für Megacities jedoch das Risiko einer hydrologischen Katastrophe; beispielsweise hervorgerufen durch Überschwemmungen. So befinden sich mit Ausnahme von Sao Paulo und Mexico City beinahe sämtliche Megacities an direkter Küstenlinie oder an größeren Flussverläufen bzw. -mündungen. Diese Bedrohung erscheint insbesondere durch die hervorgerufenen Auswirkungen des Klimawandels verschärft (NICHOLLS 1995:370).

Die Anfälligkeit bzw. der Ausfall städtischer Infrastrukturen sämtlicher Art wird als technologisches Risiko betrachtet. Diese Art des Risikos stellt sowohl für Megacities mit maroder technischer Infrastruktur als auch für Städte mit intakten infrastrukturellen Systemen eine stetig ernst zu nehmende Bedrohung dar. Auch Hackerangriffe können beispielsweise als großes technisches Risiko angesehen werden, da die schwerwiegende Folgen für sensible Systeme wie Flughäfen oder Börsenmärkte mit sich bringen können.

Soziale Risiken sind Gefährdungen die durch das anthropogene Handeln sowie durch das gesellschaftliche Zusammenleben von Menschen hervorgerufen werden. Im entfernteren Sinne können auch Umwelt- und Gesundheitsschädigungen durch anthropogene Einflüsse als sozio-ökologisches Risiko eingestuft werden (KRAAS 2003:589). Im engeren Sinne bezieht sich dieser Begriff jedoch auf die Gefahr von Kriegen, Terroranschlägen, Armut und sozialer Ungerechtigkeit oder Kriminalität (HOERNING 2012:253). Die Problematik der großen sozialen Disparitäten, welche sich besonders im unmittelbaren Koexistieren wohlhabender und ärmster Bevölkerungsschichten äußert, ist häufig Anhaltspunkt, wenn im Zusammenhang von Megacities und sozialen Risiken gesprochen wird. Zumeist wird die Risikobezeichnung auch von oberen Bevölkerungsschichten und den Medien als Synonym für Gefahren oder Bedrohungen in Form von Kriminalität, Gewalt oder Krankheiten im Stadtgebiet verwendet (DEFFNER 2007:214). Diese Perspektive bringt ebenfalls die Konstruktion von Risiken durch Intentionen, Ansichten, Stigmatisierungen oder Erfahrungen/Erlebnisse der einzelnen Akteure zum Ausdruck (ebd. 214).

Die zuvor genannten Probleme vergrößern die Vulnerabilität von Megacities gegenüber Schockereignissen, welche aufgrund der hohen Konzentration von Bevölkerung, Infrastruktur, etc. zu hohen potentiellen Schäden führen können. Zudem tragen Marginalisierungsprozesse und Armut ebenfalls zur sozioökonomischen Vulnerabilität bei. Durch Disparitäten wird das städtische Gesellschaftsgefüge verschiedener Lebenswelten gestört, wodurch der soziale Zusammenhalt geschwächt und die Vulnerabilität erhöht wird (KRAAS 2011:881). Dies führt im Resultat zu verstärkter Desintegration, Destabilisierung und Fragmentierung, welche die Megacity zunehmend anfälliger gegenüber Katastrophen und Schocks machen.

Eine weitere große Rolle in der Konstruktion und Begegnung von Risiken kommt der politischen und sozialen Organisation der Stadt zu. Die Aufklärung und Wahrnehmung von Risiken sowie deren Bewältigungsstrategien sind maßgebende Faktoren, die bei der Einschätzung von Vulnerabilitäten einfließen müssen. Präventionsmaßnahmen und Reaktionen auf Katastrophen werden nicht nur auf materieller und infrastruktureller Basis getätigt, sondern auch seitens der Bewusstseinsbildung der Bevölkerung (WELLE 2014:40). Materiellen Investitionen kann somit nur zusammen mit Institutions- und Verhaltenskapazitäten begegnet werden (HOERNING 2012:253). Zur effizienten Problemlösung ist die umfassende Wahrnehmung der Risiken für interne Kohäsion und das Vertrauen in lokale Institutionen somit essentiell. Dieses Vertrauen ist seitens ärmerer Bevölkerungsschichten aus besonders Risiko gefährdeten Elendsquartieren jedoch häufig nicht gegeben. Gleichzeitig führt der Kontrollverlust der Stadtadministration zu einer größeren Vulnerabilität im Krisenfall.

Betrachtet man die Risiken für Megacities in Bezug auf ihren nationalen Standort, so wird schnell deutlich, dass Megacities in Industrieländern häufig anderen Risiken als Städte gleicher Größe in Entwicklungs- oder Schwellenländern ausgesetzt sind. Dies ist in erster Hinsicht auf grundlegend verschiedene Sozial-, Bau-, Umwelt- sowie Organisationsstrukturen zurückzuführen, aus welchen wiederum andere Vulnerabilitätssituationen hervorgehen. Die hohe Konzentration einer gut ausgebauten Infrastruktur, die Dichte sensibler Technologien sowie ein größeres Investitions- und

Kapitalvermögen führen dennoch dazu, dass selbst kleinere Katastrophenfälle in Megacities wie New York oder Shanghai häufig zu größeren materiellen Schadensbilanzen führen als gravierendere Katastrophen in Megacities in Entwicklungsländern (HOERNING 2012:253). Andererseits minimiert das lokal vorhandene, technische Know-How in wohlhabenden Megacities auch deren Vulnerabilität im Krisenfall. Auch die Bedeutung einer Megacity im globalen sowie nationalen Maßstab führt zu einer teilweise unterschiedlichen Bewertung von Vulnerabilitäten. Sobald eine Megacity ebenfalls die Stellung einer Globalcity oder einer nationalen Primärstadt einnimmt, desto gravierender können sie Katastrophenfolgen sich auf globaler oder nationaler Ebene auswirken (KRAAS 2003:584).

Folglich kann zusammengefasst werden, dass Megacities, aufgrund ihrer strukturellen Besonderheiten sowie aufgrund ihrer Exposition vermehrt Risiken unterschiedlicher Art ausgesetzt sind. Die Einschätzung der Vulnerabilität einer Megacity gestaltet sich im konkreten Einzelfall, aufgrund unterschiedlichen Resilienzniveaus jedoch als weniger pauschalisierbar und muss daher fallspezifisch betrachtet werden.

3. Analyse von Risikoexpositionen

3.1 Lloyd's City Risk Index 2015 - 2025

Die global agierende britische Versicherungs- und Rückversicherungsgesellschaft *Lloyd's of London* hat im Jahr 2015 in Zusammenarbeit mit dem renommierten *Cambridge Centre for Risk Studies* (CRS) einen bislang einzigartigen Zusammenhang zwischen der Risikoanfälligkeit von Städten und deren mögliche Auswirkungen auf das lokal erwirtschaftete Bruttosozialprodukt (BSP) herausgebracht (BEALE 2015:1). Ziel war es dabei, mithilfe eines Index die finanziellen Auswirkungen von potenziellen Katastrophenereignissen greifbar zu machen, um Vulnerabilitäten aufzudecken, Resilienzen zu stärken und mögliche Standortinvestitionen abzusichern (ebd. 2015:2).

Für den *Lloyd's City Risk Index 2015-2025* wurden somit die finanziellen Auswirkungen von insgesamt 18 sozialen -, technologischen - sowie natürlichen Katastrophenszenarien (siehe Abbildung 5, Seite 17) auf 301 Großstädte in 90 Staaten untersucht. Die Auswahl der 301 Städte erfolgte nicht nach einem determinierten Gefährdungsmaßstab, sondern anhand der wirtschaftlichen Bedeutung oder Größe einer Stadt. Alle 34 Megacities (Stand 2015) wurden jedoch allein aufgrund ihrer Größe und der daraus resultierenden Risikoexposition in die Betrachtung mit aufgenommen (COBURN 2015:4).

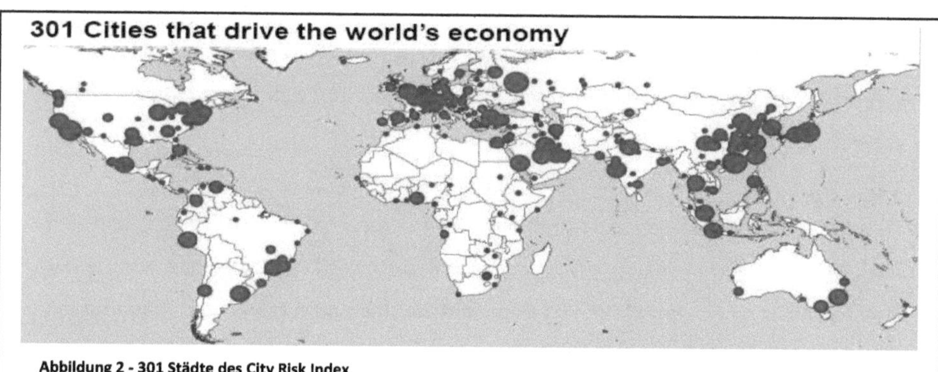

Abbildung 2 - 301 Städte des City Risk Index
Quelle: COBURN 2015:4

Die Untersuchungsarbeit für jede der 301 Städte verfolgte die Frage, welche Ertragssumme des lokalen BSP durch Katastrophenszenarien als potenziell gefährdet eingestuft werden kann. Anhand einer physischen sowie humangeographischen Raumanalyse jedes einzelnen Stadtgebietes wurde die Risikogefährdung und finanzielle Schadensauswirkung bezüglich jedes möglichen Katastrophenszenarios beurteilt. Mit welcher Stärke sich eines der 18 Katastrophenszenarios in einer Stadt ereignet, wurde unter Berücksichtigung von historischen Ereignissen sowie zukünftigen Expertisen beurteilt und auf eine vereinfachte Skala (schwach - bis sehr stark) übertragen.

Die Wahrscheinlichkeit des eintretenden Katastrophenszenarios binnen des zehnjährigen Untersuchungszeitraumes beruht, trotz einer festzumachenden Ausgangslage und der Berücksichtigung wissenschaftlicher Prognosen, dennoch nur auf einer etwaigen Spekulationsbasis (BEALE 2015:5). Ebenso konnte das finanzielle Schadensausmaß des jeweiligen Katastrophenszenarios nur anhand von bisherigen Ereignisfällen und wissenschaftlichen Expertisen konstruiert werden. Die gesamtheitlich ermittelte finanzielle Schadensbilanz einer Katastrophe bildet sich jedoch aus dem Verhältnis von deren Eintrittswahrscheinlichkeit und deren zu erwartenden Ausmaßes. Das folgende Kalkulationsbeispiel von BEALE (2015:7) verdeutlicht den Ermittlungsprozess des zu erwartenden Gesamtschadens einer Katastrophe:

The "expected loss" from that event is the loss combined with its probability, so if a moderate pandemic is likely to affect New York with a 10% probability [...] and if it were to cause a loss in economic output of $50bn, the expected loss for that scenario would be $5bn (10% of $50bn)."

Alle ermittelten Daten wurden in einer Internetdatenbank veröffentlicht und sind unter *https://www.lloyds.com/cityriskindex/* frei zugänglich. Das folgende Kapitel 3.2 beschreibt kurz das methodische Vorgehen, mit welchem nach relevanten Daten für die im Fokus stehende Frage der Arbeit recherchiert wurde.

3.2 Methodisches Vorgehen - Beschreibung der Stichprobe

Die interaktiv gestaltete, englischsprachige Internetdatenbank des *Lloyd City Risk Index* bietet zwei Möglichkeiten des analytischen Vorgehens. Über die Auswahl eines der

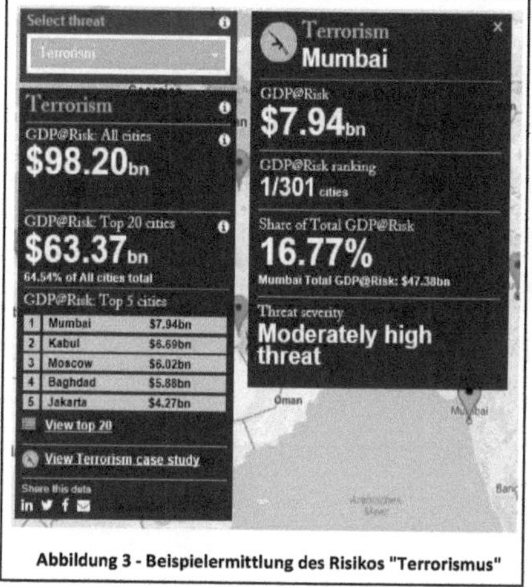

Abbildung 3 - Beispielermittlung des Risikos "Terrorismus"

18 Katastrophenszenarios (threats) erfolgt eine Auflistung der jeweils 20 Städte (locations), welche bemessen am gefährdeten BSP, den größten finanziellen Schaden aus dem Katastrophenfall davon tragen. Zusammengefasste sowie spezifische Einzelfallwerte können hierbei entnommen (Abbildung 3). Des Weiteren können mithilfe eines Clustersystems nach Risikoformen, Katastrophenszenarien auch gezielt zusammengefasst werden.

Zum anderen kann mit der direkten Auswahl einer der 301 Locations die allgemeine Risikogefährdung einer Stadt zielgerichtet betrachtet werden. In diesem Fall gelangt man zur detaillierten Auflistung der 18 Katastrophenszenarien und deren mögliche finanzielle Auswirkung auf das lokale BSP (Abbildung 4). Befindet sich die Stadt in einer führenden Wirtschaftsnation, so wird ebenfalls ein automatischer Vergleich zu anderen Städten auf nationaler oder regionaler Ebene durch das Programm ausgeführt.

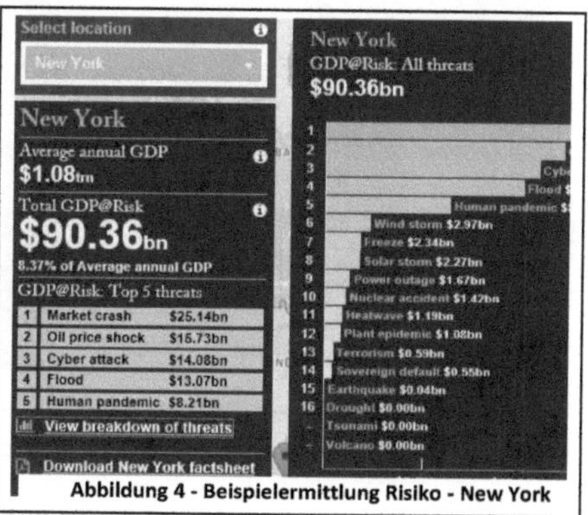

Abbildung 4 - Beispielermittlung Risiko - New York

Im folgenden Kapitel 3.3 werden die von den 18 Risiken (threats) besonderes gefährdeten Städte ermittelt. Im Kapitel 3.4 werden die ermittelten Megacities fallspezifisch auf ihre Resilienz und Risikomanagementmaßnahmen näher betrachtet.

3.3 Ergebnisse nach Risikotypus (threat)

Insgesamt beläuft sich die ermittelte, potenzielle Schadensumme der 18 Katastrophenszenarien in allen 301 Großstädten weltweit auf 4,56 Trillionen US-Dollar/ Jahr. Mit anderen Worten bedeutet dies, dass jene weltweit erwirtschaftete Ertragssumme des BSP durch die Auswirkungen von Katastrophenszenarien als gefährdet angesehen werden kann. Diese gefährdete Summe (GDP@risk) stellt ca. ein Achtel des jährlich erwirtschafteten Bruttosozialproduktes aller 301 einbezogener Städte dar (LLOYD'S.COM 2015). Die vom Programm gewählte Bezeichnung „GDP@risk" wird in der weiteren Auswertung als „potenziell gefährdete Schadenssumme" thematisiert. Sprachlich abweichende Formulierungen beziehen sich jedoch stets auf das vom Index verwendete „durch Risiko gefährdete BSP".

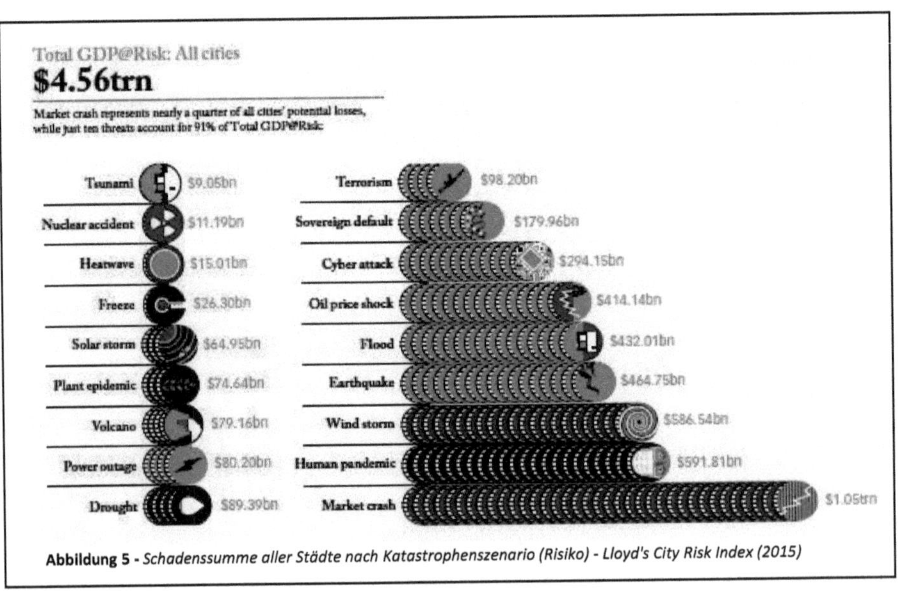

Abbildung 5 - *Schadenssumme aller Städte nach Katastrophenszenario (Risiko) - Lloyd's City Risk Index (2015)*

Wie aus Abbildung 5 entnommen werden kann, stellt ein Einbruch bzw. der Zusammenbruch des städtischen Wirtschaftsmarktes das gravierendste Katastrophenszenario für den Großteil der 301 untersuchten Städte dar. So beläuft sich der potenzielle BSP-Verlust, verursacht durch einen Markteinbruch, auf mehr als eine Trillion US-Dollar pro Jahr. Mit Ausnahme von São Paulo, Bangkok und Lima befinden sich die 20 Städte mit den größten Schadensbilanzen eines möglichen Marktzusammenbruchs in Industrienation (*Abb. 8, i*). Es liegt dabei auf der Hand, dass sich die Schadensauswirkungen für wirtschaftsstarke Standorte, auf finanzieller Ebene um ein Vielfaches gravierender auswirken. Die hohe, potenziell gefährdete BSP-Summe dieser Städte führt somit zu einem vorderen Rangplatz im Index, auch wenn die Risikowahrscheinlichkeit in Betracht auf andere Standorte vergleichsweise niedrig erscheinen mag. Dennoch sind es insbesondere auch Megacities mit mehr als 10 Mio. Einwohnern, welche die Hälfte des Top-Rankings dieser Rubrik einnehmen (LLOYD'S.COM 2015). Es geht somit ebenfalls mit den bisherigen theoretischen Ergebnissen einher, dass Megacities zugleich als nationale Primärstädte oder sogar als Globalcities fungieren. Der Zusammenbruch des Wirtschaftsmarktes führt demzufolge zum höchsten finanziellen Schaden der jeweiligen Stadt. Zudem tragen diese Megastädte auch einen überproportionalen Großteil zum nationalen Bruttoinlandsprodukt bei (KRAAS 2011:581).

Die zweitgravierendste Bedrohung für die Städte birgt der Ausbruch von humanitären Epidemien und Seuchen (LLOYD'S.COM 2015). Von dem potenziellen Gesamtverlust von 592 Billionen US-Dollar des jährlichen BSP (301 Städte), entfällt allein ein Drittel der Schadenssumme auf 20 Städte. Deren BSP ist durch einen großen finanziellen Schaden bedroht. Fünfzehn dieser Städte liegen in Asien, von denen wiederum mindestens elf als Megacities eingestuft werden können. Zieht man São Paulo, Buenos Aires, Mexico City sowie New York in die Betrachtung mit ein, so führen 15 Megacities diese Top-20-Liste an (LLOYD'S.COM 2015). Aufgrund der enormen Bevölkerungsdichte in allen der hier aufgeführten Megastäten, sowie aufgrund von zum Teil gravierender Wohnumstände in Slumquartieren, scheint es offensichtlich, dass insbesondere Megacities gefährdet sind von einer Epidemie betroffen zu sein (Abb. 9, i).

Nachdem die meisten der 301 Städte den größtmöglichen finanziellen Schaden aus anthropogen verursachten Katastrophenszenarien davon tragen, sind es Stürme, Erdbeben und Fluten, die ebenfalls zu großen Schadenssummen führen. Betrachtet man die Risikogefährdung des BSP durch die Auswirkung von Stürmen (Abb. 10, i), so fällt der besonders betroffene, ostasiatische Küstenraum ins Blickfeld der Betrachtung. 17 der 20 aufgeführten Städte mit den größten Schadensbilanzen, die durch Stürme hervorgerufen werden, sind hier zu verorten (LLOYD'S.COM 2015). Dieses Gebiet ist durch eine hohe Bevölkerungszahl und -dichte gekennzeichnet, in welchem sich zahlreiche Metropolen und Megastädte befinden (NICHOLLS 1995:373). Gleichzeitig werden jene Küstengebiete Ostasiens häufig von starken Taifunen mit zerstörerischer Stärke heimgesucht. Die Ballung von Bevölkerung, Kapital und Wirtschaftskraft sowie die hohe Risikoexposition jener Städte in dieser Küstenregion, erklärt eventuell auch, dass jährlich ein möglicher Gesamtschaden von 430 Billionen US-Dollar auf diese 17 Städte fällt. Damit fallen 73% des weltweit gefährdeten BSP durch die Auswirkung von Stürmen auf nur 17 Städte der insgesamt 301 Städte (LLOYD'S.COM 2015).

Die durch ein Erdbeben jährlich gefährdete BSP-Summe beläuft sich weltweit auf ca. 465 Milliarden US-Dollar (LLOYD'S.COM 2015). Viele der weltweit größten Ballungsräume und Megastädte befinden sich in tektonisch aktiven Regionen, in denen die Bedrohung durch Erderschütterungen von kleinerem bis verheerenden Ausmaßes allgegenwärtig ist (MUCKE 2014). Auch hier beläuft sich das durch Erdbeben gefährdete BSP der 20 Städte mit den größten Schadensbilanzen auf nahezu 70% des weltweit durch Erdbeben bedrohten BSP in 301 Städten (LLOYD'S.COM 2015). Dieser hohe prozentuale Anteil kann unter Anderem mit der hohen Gefährdung von 11 Megacities unter den 20 Spitzenrängen erklärt werden. Die aufgeführten Megacities sind bis auf wenige Ausnahmen herausragende nationale Primärstädte oder sogar global bedeutsame Globalcities (KRAAS 2011:880). Demzufolge ist die Dichte an ertragreichen, kapitalstarken Wirtschaftszweigen besonders hoch. Im Falle eines Katastrophenszenarios in der Megacities ist folglich auch ein Großteil des nationalen BSP gefährdet. So erwirtschaftet beispielsweise Lima (Listenplatz 1/20) ein Drittel des peruanischen Bruttosozialproduktes (WELTBANK 2015). Gleichzeitig ist mehr als die Hälfte des in der Hauptstadt Lima erwirtschafteten BSP durch eine Erdbebenkatastrophe gefährdet. Ähnliches lässt sich in diesem Zusammenhang ebenfalls für Fall Teherans (Iran) festhalten. Zusammenfassend betrachtet, sind es auch in diesem Fall wieder Megacities, die das Top-Ranking dieses Szenarios anführen. Mit Istanbul auf dem dritten Platz (37% GDP@risk, high threat) belegt erstmals auch eine europäische Metropole einen Platz im oberen Gefährdungsbereich der Betrachtung (Abb. 11, i).

Bemessen am gefährdeten BSP, stellen Flutkatastrophen (432 Mrd. US-$/Jahr) ein beinahe ebenso großes Risiko für viele Städte dar wie Erdbeben. Auch hier sind es wieder viele Groß- und Megastädte ostasiatischer Küstengebiete, dessen BSP durch Flutkatastrophen stark gefährdet ist. Auch wenn die finanziellen Auswirkungen einer Flutkatastrophe in Tokio (Rank 1, 17,6 Mrd. $ GDP@risk) gravierender wären, so ist Osaka (Rank 2, 13,8 Mrd. $ GDP@risk) einem weitaus größeren Risikoexposition ausgesetzt. Während die Risikowahrscheinlichkeit für die japanische Hauptstadt nur als moderat eingestuft wird, gilt die Risikowahrscheinlichkeit einer Flutkatastrophe in Japans 2. größter Megacity als sehr hoch (LLOYD'S.COM 2015). Von den 20 aufgeführten Städten mit den größtmöglichen BSP-Verlusten durch Flutschäden, liegen 14 am Meer. Die sechs weiteren Großstädte befinden sich entweder an Inlandsgewässern (Chicago, London, Paris) oder in besonders kritischen Talkessel-Lagen (Mexico City, Bern). Des Weiteren sind 11 der betroffenen Städte Megacities mit mehr als 10 Mio. Einwohnern (Abb. 12, ii).

Ein Ölpreisanstieg bringt schwerwiegende Folgen für die gesamte Weltwirtschaft mit sich. Dieses Risiko ist also keine reines Megacity Problem, auch wenn deren BSP-Verlust, aufgrund ihrer wirtschaftlichen Dominanz, besonders stark ausfallen mag (LLOYD'S.COM 2015). Demzufolge führen auch hier wieder Megacities das Ranking an. Ähnliches ist für die Gefährdung durch Cyber-Angriffe festzuhalten. Auch hier sind es wieder Megacities, die aufgrund einer sehr hohen Risikowahrscheinlichkeit und großen, potenziellen BSP-Verlusten das Ranking anführen und besonders häufig vertreten sind. Gleichzeitig tauchen aber auch bedeutsame politische Zentren und Hauptstädte in diesem Ranking mit auf (LLOYD'S.COM 2015).

Für die darauf folgenden Katastrophenszenarien der Auflistung lässt sich keine wesentlich erhöhte Risikobetroffenheit für Megacities mehr erkennen. Zwar sind in allen Top-20-Rankings stets Megacities vertreten, jedoch führen diese nicht mehr grundlegend die Spritze des Betrachtungsrankings an. Erst bei der Betrachtung der finanziellen

Katastrophenauswirkung eines Stromausfalls (#11, 80 Mrd. $ GDP@risk) nehmen fast ausschließlich Megacities die ersten 20 Ränge ein (Abb. 13, ii). Hierbei kann wieder ein deutlicher Zusammenhang zwischen der Gefährdung von Megacities durch das technologische Risiko eines Totalstromausfalls hergestellt werden (BOHLE 2007:18).

Betrachtet man die Katastrophengefährdung der 301 Städte anhand der vom Programm gewählten Cluster (manmade -, natural -, emerging threat) so lassen sich einige Unterschiede feststellen. Die möglichen finanziellen Auswirkungen und Folgeschäden von Naturkatastrophen belaufen sich weltweit auf insgesamt 2,43 Billion US-$/ Jahr. 15 des Top-20 Listenrankings sind Megastädte. Allerdings liegen diese mehrheitlich in Schwellenländern mittleren Einkommens (LLOYD'S.COM 2015). Im Gegensatz dazu, sind es vorrangig Städte und Megacities in Ländern mit hohen Einkommen, die das Top-20 Ranking der Städte mit den größten BSP-Verlusten durch „menschgemachte" Katastrophen anführen. Als „manmade threats" wurden 7 der 18 Katastrophenszenarien betrachtet: Marktcrash, Ölpreisanstieg, Cyberangriff, Staatsinsolvenz, Terrorismus, Stromausfall und Nuklearunfall (LLOYD'S.COM 2015).

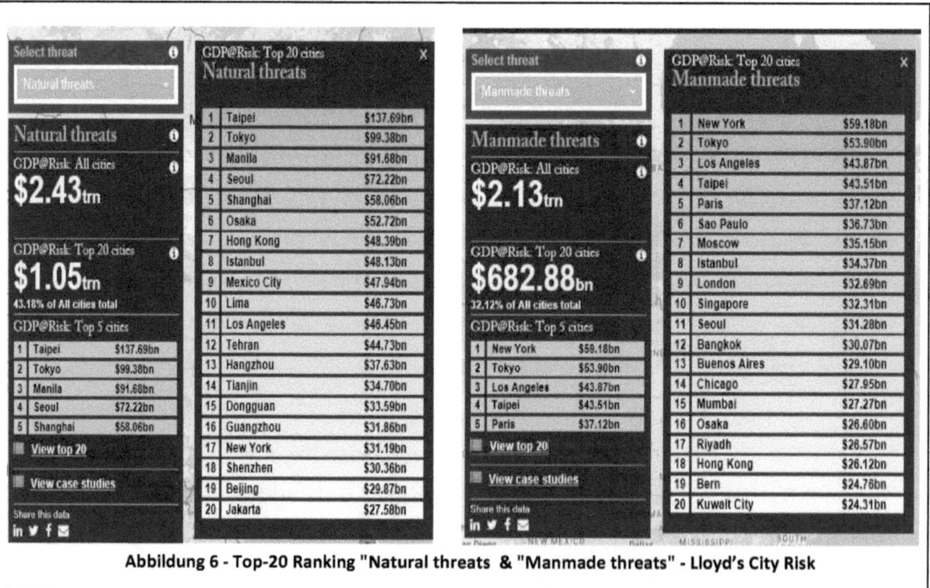

GDP@Risk: Top 20 cities — Natural threats

#	City	GDP@Risk
1	Taipei	$137.69bn
2	Tokyo	$99.38bn
3	Manila	$91.68bn
4	Seoul	$72.22bn
5	Shanghai	$58.06bn
6	Osaka	$52.72bn
7	Hong Kong	$48.39bn
8	Istanbul	$48.13bn
9	Mexico City	$47.94bn
10	Lima	$46.73bn
11	Los Angeles	$46.45bn
12	Tehran	$44.73bn
13	Hangzhou	$37.63bn
14	Tianjin	$34.70bn
15	Dongguan	$33.59bn
16	Guangzhou	$31.86bn
17	New York	$31.19bn
18	Shenzhen	$30.36bn
19	Beijing	$29.87bn
20	Jakarta	$27.58bn

GDP@Risk: Top 5 cities — Natural threats

#	City	GDP@Risk
1	Taipei	$137.69bn
2	Tokyo	$99.38bn
3	Manila	$91.68bn
4	Seoul	$72.22bn
5	Shanghai	$58.06bn

GDP@Risk: Top 20 cities — Manmade threats

#	City	GDP@Risk
1	New York	$59.18bn
2	Tokyo	$53.90bn
3	Los Angeles	$43.87bn
4	Taipei	$43.51bn
5	Paris	$37.12bn
6	Sao Paulo	$36.73bn
7	Moscow	$35.15bn
8	Istanbul	$34.37bn
9	London	$32.69bn
10	Singapore	$32.31bn
11	Seoul	$31.28bn
12	Bangkok	$30.07bn
13	Buenos Aires	$29.10bn
14	Chicago	$27.95bn
15	Mumbai	$27.27bn
16	Osaka	$26.60bn
17	Riyadh	$26.57bn
18	Hong Kong	$26.12bn
19	Bern	$24.76bn
20	Kuwait City	$24.31bn

GDP@Risk: Top 5 cities — Manmade threats

#	City	GDP@Risk
1	New York	$59.18bn
2	Tokyo	$53.90bn
3	Los Angeles	$43.87bn
4	Taipei	$43.51bn
5	Paris	$37.12bn

Manmade threats — GDP@Risk: All cities $2.13trn — GDP@Risk: Top 20 cities $682.88bn — 32.12% of All cities total

Abbildung 6 - Top-20 Ranking "Natural threats & "Manmade threats" - Lloyd's City Risk

Das Cluster der „emerging threats" (Deutsch: aufkommende Bedrohung) bezieht sich, nach Programm eigenen Angaben, auf die auftretende Vulnerabilität, welche durch die Bedrohungen selbst hervorgerufen wird. Insgesamt fallen somit nochmals Cyberangriffe, sämtliche Epidemien und das Risiko eines Sonnensturmes und diese Rubrik (LLOYD'S.COM 2015). Auch hier sind es wieder viele Megacities, die das Ranking anführen.

Setzt man abschließend all diese 18 Katastrophenszenarien mit ihrer auftretenden Risikowahrscheinlichkeit und den möglichen Folgeschäden der Katastrophe ins Verhältnis, so zeigt das Abbild die besonders stark gefährdeten Städte (Abbildung 7). Betrachtet man diese bezüglich ihrer Größe, so fällt auch hier wieder die starke Risikogefährdung von Megacities auf. Das folgende Kapitel betrachtet einige der in Abbildung 7 aufgelisteten Megacities bezüglich ihrer Risikoexposition und den entgegen zu setzenden Maßnahmen in Form von Katastrophenmanagementplänen oder Risikominimierungsstrategien.

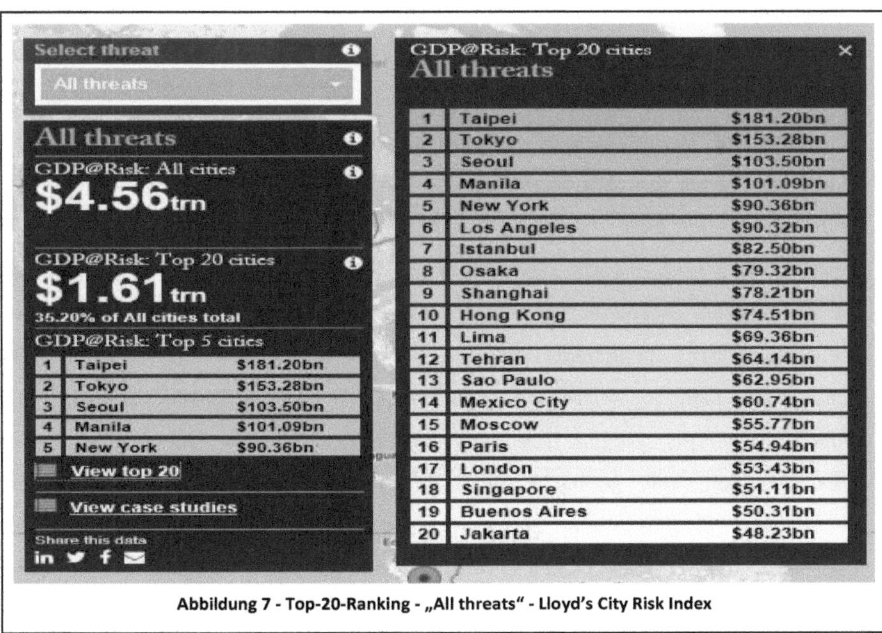

	GDP@Risk: Top 5 cities	
1	Taipei	$181.20bn
2	Tokyo	$153.28bn
3	Seoul	$103.50bn
4	Manila	$101.09bn
5	New York	$90.36bn

	GDP@Risk: Top 20 cities	
1	Taipei	$181.20bn
2	Tokyo	$153.28bn
3	Seoul	$103.50bn
4	Manila	$101.09bn
5	New York	$90.36bn
6	Los Angeles	$90.32bn
7	Istanbul	$82.50bn
8	Osaka	$79.32bn
9	Shanghai	$78.21bn
10	Hong Kong	$74.51bn
11	Lima	$69.36bn
12	Tehran	$64.14bn
13	Sao Paulo	$62.95bn
14	Mexico City	$60.74bn
15	Moscow	$55.77bn
16	Paris	$54.94bn
17	London	$53.43bn
18	Singapore	$51.11bn
19	Buenos Aires	$50.31bn
20	Jakarta	$48.23bn

Abbildung 7 - Top-20-Ranking - „All threats" - Lloyd's City Risk Index

3.4 Ergebnisse nach Stadt (location)

Wie bereits im vorherigen Kapitel 3.3 festgehalten wurde, sind es häufig Megacities, welche besonders Risiko gefährdet sind. Nun werden gewählte Einzelfälle der Städte des *Lloyd's City Risk Index* betrachtet.

Mit der Ausnahme Singapurs (5,5 Mio. Ew.) und Taipeis, sind alle weiteren aufgelisteten Städte mit besonders starker Risikogefährdung, Megacities mit mehr als 10 Mio. Einwohnern (inkl. Agglomeration). Das 2,5 Mio. Einwohner zählende Taipei führt mit einer potenziell gefährdeten Gesamtschadenssumme von 181,2 Mrd. US-$ / Jahr jedoch das Ranking an. Gemessen an der Schadenssumme, sowie in Betrachtung der Risikoexposition und -wahrscheinlichkeit, ist die taiwanesische Hauptstadt somit die risikogefährdetste Stadt weltweit (LLOYD'S.COM 2015). Allein 45% dieser BSP-Ertragssumme (GDP@risk) werden durch die Auswirkung von Stürmen gefährdet. Diese treffen mit regelmäßiger Häufigkeit und enormer Stärke auf die Hauptstadt des ostasiatischen Inselstaates. Doch auch Erdbeben stellen ein allgegenwärtiges Risiko für die Stadt dar (Abb. 14, ii).

Eine ähnliche Staffelung der besonders bedrohlichen Katastrophenszenarien lässt sich ebenfalls für die Megacities Tokio, Seoul und Manila feststellen. Stürme und Erdbeben führen auch hier zu den größten Schäden (LLOYD'S.COM 2015). Im Gesamtvergleich ist jedoch keine weitere Megacity durch eine so ausgeprägte Risikoanfälligkeit gegenüber einer so hohen Vielzahl von Katastrophen gekennzeichnet, wie die japanische Hauptstadt. Auch die 2. größte japanische Megacity, Osaka, wird durch diverse Katastrophenszenarien gefährdet. Die potenzielle Schadensbilanz fällt hier jedoch geringer aus (Abb. 15 & 16, iii). Mögliche Ursachen könnten dabei eine günstigere Risikoexposition, eine geringere, wirtschaftliche Bedeutung, eine übersichtlichere Verwaltungsstruktur oder eine bessere Präventionsarbeit sein. So ist Osaka eine sich selbstverwaltende Stadt mit 2,5 Mio. Einwohnern im Stadtgebiet. Erst unter Berücksichtigung des Zusammenschluss des in einander übergehenden Verdichtungsraumes mit Kyoto und Kobe, erfüllt die Stadt die begrifflichen Kriterien einer Megastadt mit mehr als 10 Mio. Einwohnern. Im Gegensatz dazu, ist Tokio eine Gebietskörperschaft aus mehreren, sich selbstverwaltenden Gemeinden (WIKIPEDIA.ORG). Diese Struktur erschwert eventuell die Erstellung bzw. einheitliche Durchführung von Präventionsmaßnahmen, die mögliche Katastrophenschäden minimieren könnten.

Da sich die Top-20-Liste der ausgewiesenen Städte lediglich anhand der absoluten Schadensauswirkung eines Szenarios ausrichtet, tauchen viele Megacities mit vergleichsweise niedriger Produktivität, nicht in erster Linie der Betrachtung auf. Lediglich eine besonders hohe Risikowahrscheinlichkeit, Katastrophenstärke und Anfälligkeit führen dazu, dass Städte wie Lima oder Teheran besonders hohe Schäden davon tragen und somit einen Platz im Top-Ranking der meistgefährdetsten Städte belegen. Megastädte mit ebenso geringer Produktivität und folglich ebenso geringen, potenziellen Schadensbilanzen schaffen es damit nicht ins Top-Ranking; auch wenn deren Katastrophenbedrohung teilweise sogar als sehr wahrscheinlich und gravierend beurteilt wird. Beispielsweise werden 10% (47,3 Mrd. US-$) des BSPs Mumbais durch Katastrophenauswirkungen als gefährdet eingestuft. Trotz der enormen Größe Mumbais und der hohen Katastrophenwahrscheinlichkeit und eines starken Katastrophenausmaßes, ist die absolute Schadenssumme einer möglichen Katastrophe vergleichsweise gering. Dies ist auf die, im Vergleich zu anderen Megacities, eher niedrige Produktivität der Stadt zurückzuführen. Dennoch ist Mumbai auch jene Stadt, die den weltweit größten finanziellen Schaden aus terroristischen Anschlägen davonträgt. 17% des BSP werden durch die finanziellen Auswirkungen von als wahrscheinlich geltenden Anschlägen als gefährdet eingestuft. Der größte finanzielle Schaden würde der Stadt jedoch durch eine Epidemie entstehen (25% GDP@risk). Gleiches lässt sich auch für die größte afrikanische Megacity, Lagos, festhalten. Trotz der großen nationalen Bedeutung und einer Einwohnerzahl von derzeit 18 Mio. (COX 2017), beträgt das jährlich erwirtschaftete BSP der Stadt lediglich 114 Mrd. US-Dollar. Auch hier gelten Katastrophenszenarien wie Epidemien und Terroranschläge als sehr wahrscheinlich (Abb. 17 & 18, iv).

4. Fazit

Die Betrachtung der Ergebnisse des *Lloyd City Risk Index 2015-2025* lieferte einen interessanten Ansatz, um die Risikoanfälligkeit von Megacities an festen und vergleichbaren Anhaltspunkten objektiv zu beurteilen. Mithilfe einer ins Verhältnis gesetzten Betrachtung von Risikoexposition, -wahrscheinlichkeit und potenziellem Schaden, konnte die Katastrophengefährdung unterschiedlicher Städte anhand von absoluten Zahlen miteinander verglichen werden. Aus der Auswertung ging hervor, dass Megacities vielen Risiken ausgesetzt sind. Zudem führen auftretende Katastrophen in diesen stark gefährdeten Megacities zu enormen Schadensummen. Die hohe Schadenssumme für eine Megacity im Katastrophenfall kommt aufgrund unterschiedlicher Faktoren zu Stande. So führen unter anderem mangelnde Präventionsmaßnahmen sowie die überdimensionale, wirtschaftliche Dominanz einer Megacity gleichermaßen zu deutlich schwerwiegenderen finanziellen Gesamtschäden. Dieser Anhaltspunkt dient jedoch auch dazu, das Gesamtergebnis des Risiko Index differenzierter zu betrachten.

Wie vor dem theoretischen Hintergrund der Arbeit bereits vermerkt wurde, ist die Beurteilung von Vulnerabilität und Risiko stets perspektivenabhängig. Damit muss auch für die Gesamtbetrachtung des Index darauf verwiesen werden, dass für die Ermittlung der potenziellen Schadenswerte wirtschaftliche Interessen verfolgt wurden. Diesbezüglich setzte man den Risikobegriff mit einem Kapitalverlust des BSP gleich. Folglich erhielten Städte mit geringfügiger wirtschaftlicher Bedeutung nur wenig bis keinerlei Beachtung im Index; selbst wenn deren Risikoexposition gegenüber Katastrophenereignissen als besonders gefährdet eingestuft werden kann. Lagos, Karachi, Kinshasa oder Kairo sind Beispiele für Megacities, die kurz vor dem Urbanisationskollaps stehen und durch eine Vielzahl von Risiken bedroht werden. Diese „Opfer der Urbanisierung" finden im Lloyd City Risk Index jedoch kaum Beachtung und fristen ihr Dasein in der „riskanten globalen Peripherie" (KRAAS 2003:583).

5. Literaturverzeichnis

Beale, I. (2015). *Lloyd's City Risk Index 2015-2025.* Cambridge: Centre for Risk Studies - Cambridge University.

Bohle, H. G. (2007). *Geographien der Verwundbarkeit.* Geographische Rundschau, S. 20-25.

Bürkner, H.-J. (2010). *Vulnerabilität und Resilienz. Forschungsstand und sozialwissenschaftliche Untersuchungsperspektiven.* Leipzig: Leibnitz-Institut für Regionalentwicklung und Strukturplanung.

Coburn, A. (2015). *Methodology Overview - Lloyd's City Risk Index 2015-2025.* Cambridge: Cambridge University Press.

Cox, W. (2017). *The 37 Megacities and Largest Cities: Demographia World Urban Areas: 2017.* http://www.newgeography.com/content/005593-the-largest-cities-demographia-world-urban-areas-2017 Abgerufen: 30. April 2017.

Coy, M. (2007). *Risiko und Verwundbarkeit als (human)geographische Ansätze.* In: R. Wehrhahn: Kieler Geographische Schriften - Risiko und Vulnerabilität in Lateinamerika 117 (S. 7 - 21). Kiel: Selbstverlag des geographischen Instituts der Universität Kiel.

Deffner, V. (2007). *Soziale Verwundbarkeit im „Risikolebensraum Favela".* In: R. Wehrhahn, Kieler Geographische Schriften. Risiko und Vulnerabilität in Lateinamerika (S. 207 - 232). Kiel: Selbstverlag des geographischen Instituts der Universität Kiel.

Hoerning, J. (2012). *Megastädte - Vulnerabilität und Risiken.* In: F. Eckhardt, Handbuch Stadtsoziologie (S. 253 - 255). Wiesbaden: Springer Verlag.

Kraas, F. (2003). *Megacities as Global Risk Areas.* Köln: Department of Geography - University of Cologne.

Kraas, F. (2011). *Megastädte.* In: H. Gebhardt, Geographie. Physische Geographie und Humangeographie (S. 879 – 885). Heidelberg: Spektrum Akademischer Verlag Heidelberg.

Lloyd's.com (2015). *Lloyd's City Risk Index 2015 - 2025.* https://www.lloyds.com/cityriskindex/ Abgerufen: 13. Mai 2017.

Mucke, P. (2014). *Urbanisierung - Trends der Risikobewertung.* New York: United Nations University.

Müller-Mahn, D. (2007*). Perspektiven der geographischen Risikoforschung.* Geographische Rundschau, S. 4-11.

Nicholls, R. (1995). *Coastal Megacities and Climate Change.* Geo Journal 33, S. 369-379.

Smith, K. (1996). *Environmental hazards: Assessing risk and reducing disaster.* London: Routledge.

United Nations (2015). *2015 Revision of World Population Prospects.* New York: United Nations Department of Economics and Social Affairs.

Welle, T. (2014). *Der WeltRisikoIndex 2014.* In: WeltRisikoIndex 2014 (S. 40 - 48). Bonn: United Nations University – EHS.

Weltbank. (2015). *GDP (current US$).* http://data.worldbank.org/indicator/NY.GDP.MKTP.CD Abgerufen am: 14. Mai 2017.

Wikipedia.org. (2017). Tokio (Begriffsklärung). https://de.wikipedia.org/wiki/Tokio_(Begriffskl%C3%A4rung) Abgerufen am: 21. Mai 2017.

Anhang

Abbildungen - Top-20-Rankings nach Katastrophe

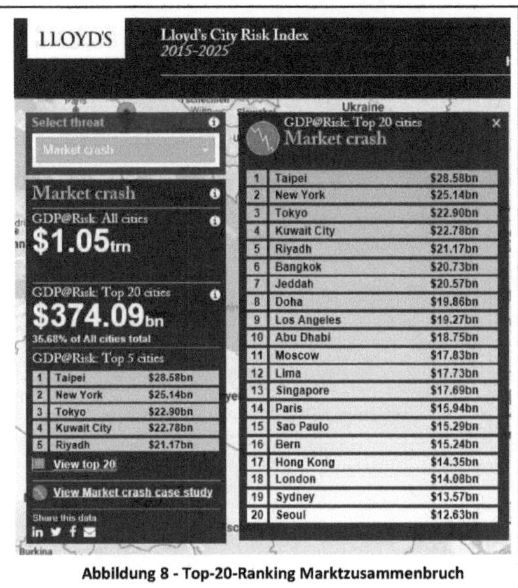

Abbildung 8 - Top-20-Ranking Marktzusammenbruch

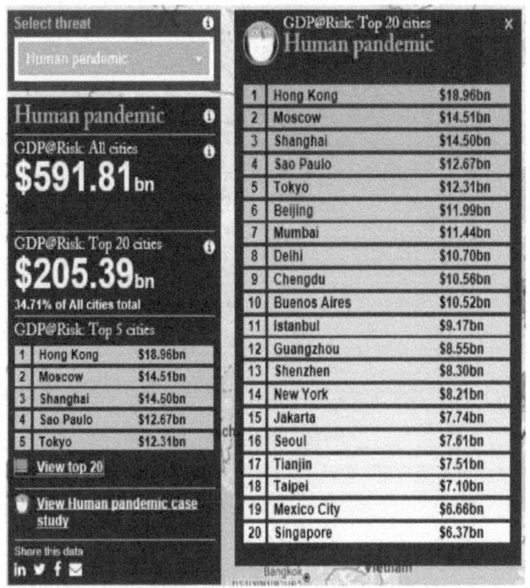

Abbildung 9 - Top-20-Ranking Epidemie

Abbildung 10 - Top-20-Ranking Sturm

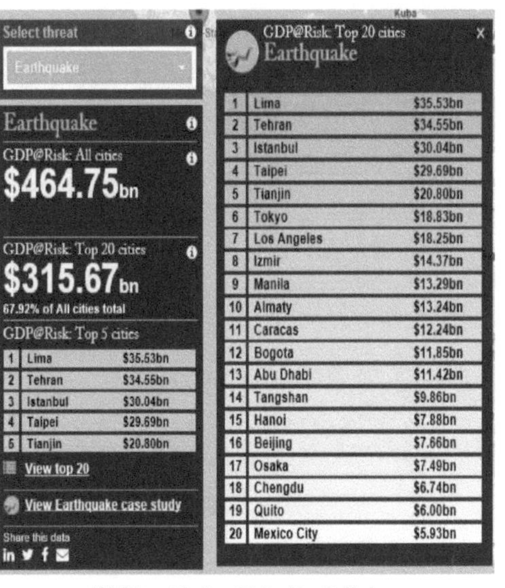

Abbildung 11 - Top-20-Ranking Erdbeben

Abbildung 12 Top-20-Ranking Flut

Abbildung 13 Top-20-Ranking Stromausfall

Abbildungen - GDP@risk nach Stadt

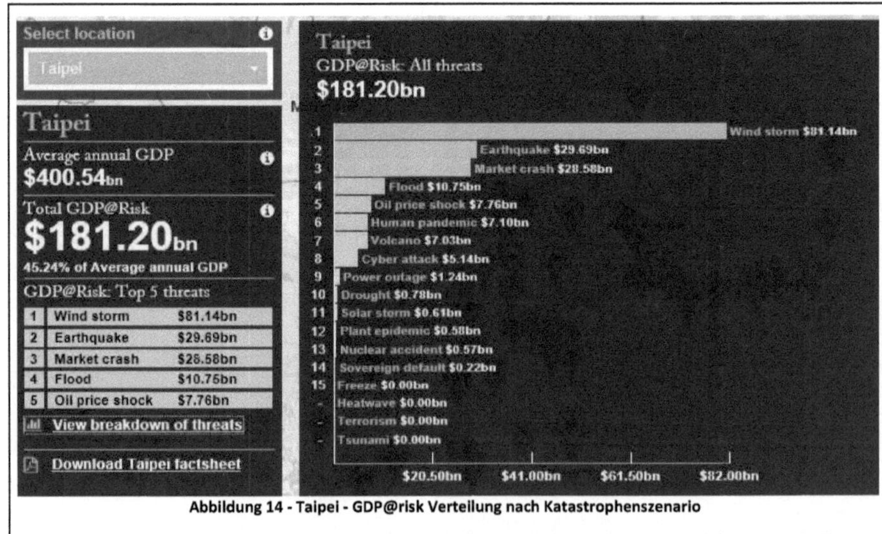

Abbildung 14 - Taipei - GDP@risk Verteilung nach Katastrophenszenario

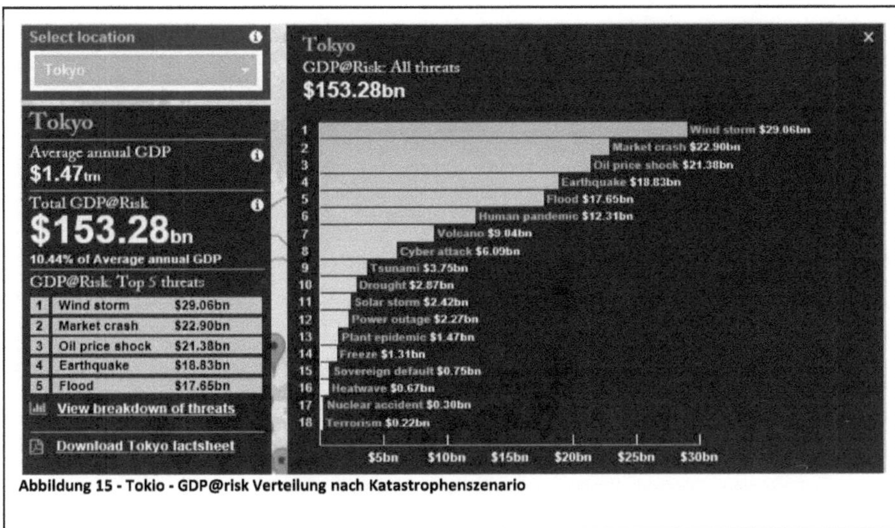

Abbildung 15 - Tokio - GDP@risk Verteilung nach Katastrophenszenario

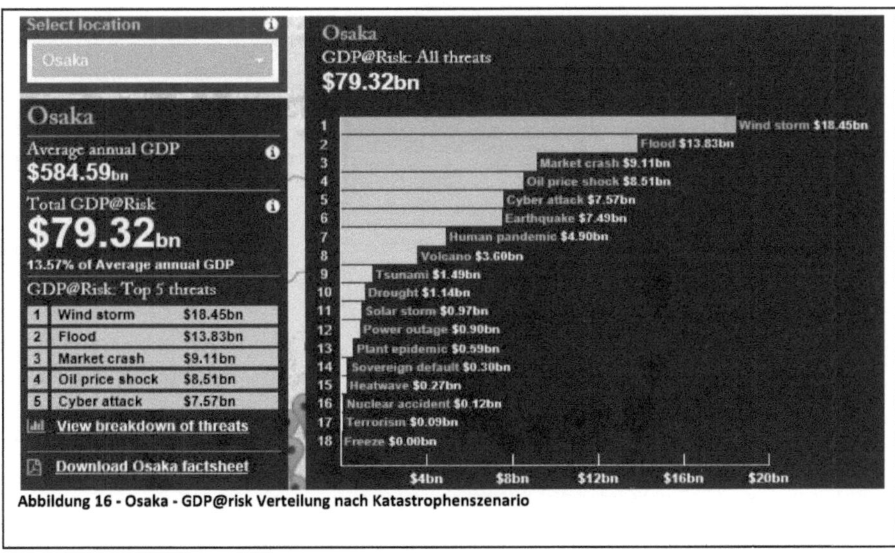

Abbildung 16 - Osaka - GDP@risk Verteilung nach Katastrophenszenario

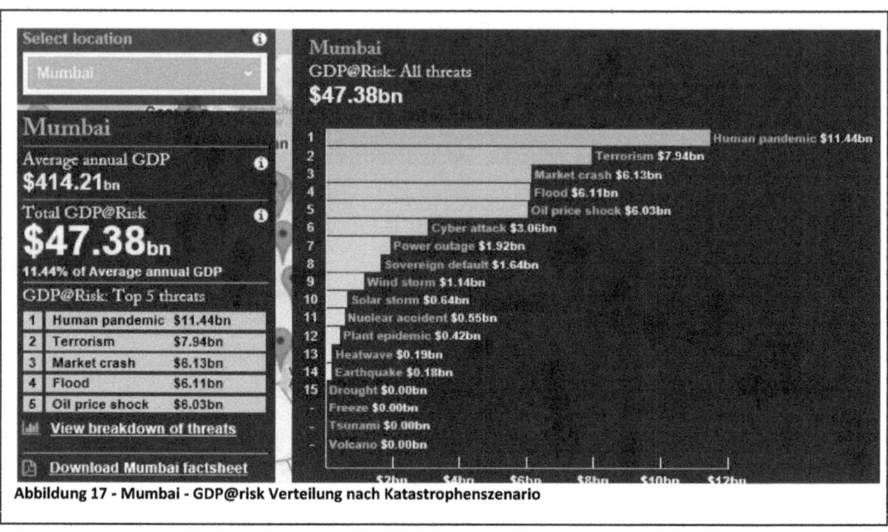

Abbildung 17 - Mumbai - GDP@risk Verteilung nach Katastrophenszenario

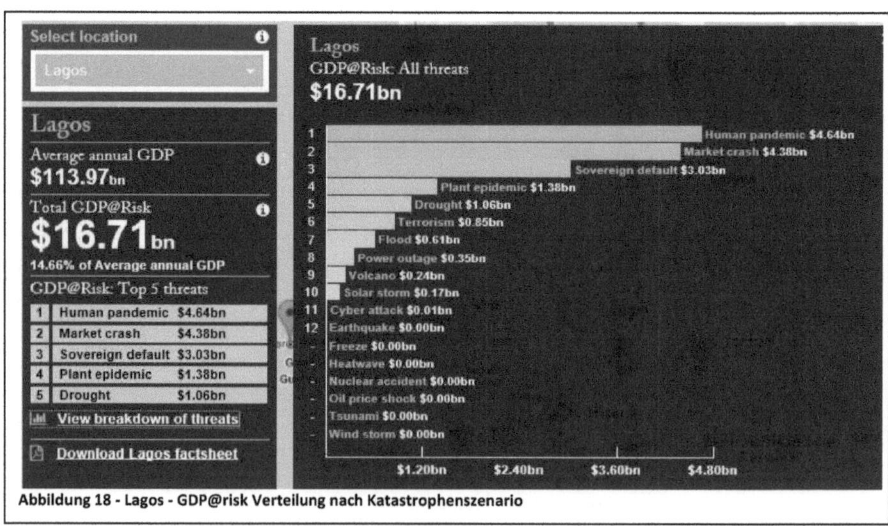

Abbildung 18 - Lagos - GDP@risk Verteilung nach Katastrophenszenario